ROSEN
IN HILDESHEIM

ROSEN
IN HILDESHEIM

Franziska Lenferink

GERSTENBERG

IMPRESSUM

Bibliografische Information Der Deutschen Bibliothek
Die Deutsche Bibliothek verzeichnet diese Publikation in der deutschen Nationalbibliografie; detaillierte Daten sind im Internet über http://dnb.ddb.de. abrufbar.

Konzeption, Fotos und Gesamtgestaltung:
Dipl. Des. Franziska Lenferink

Gesamtherstellung:
Gerstenberg Druck & Direktwerbung GmbH, Hildesheim

ISBN 978-3-8067-8558-6

www.verlag-gerstenberg.de

Umschlag vorne: Knollenstraße
Umschlag hinten: Magdalenengarten
vordere Klappe: Am Lappenberg

INHALT

Meinen Rosenmädchen

Am Hildesheimer Dome - das ist uns gelungen,
da sind vor sieben Tagen die Knospen aufgesprungen.
Nun ragen die Rosen zum Himmel empor
und singen für Gott ein Loblied im Chor.

Lineke Lenferink, 10 J., geb. in Hildesheim

VORWORT

Die Rose – Symbol für Schönheit und Sinnlichkeit, von vielen Dichtern gepriesen, Symbol für Hildesheim seit hunderten von Jahren. Nicht nur der Tausendjährige Rosenstock fasziniert Jung und Alt. An immer mehr Plätzen der Stadt blühen die Rosen in jedem Jahr prächtiger, heißen den Besucher willkommen und steigern das Wohlbefinden der hier lebenden Menschen.
Ich habe das reizvolle Zusammenspiel unterschiedlichster Rosen und der einzigartigen Architektur Hildesheims festgehalten.
Ohne den Anspruch auf Vollständigkeit, aber mit dem Wunsch, dass Duft und Schönheit den Betrachter meiner Bilder erreichen und erfreuen.

Franziska Lenferink

ROSEN *im M*

roses

dalenengarten . . .

Oh, wer um alle Rosen wüsste,
die rings in stillen Gärten stehn -
oh, wer um alle wüsste, müsste
wie im Rausch durchs Leben gehn.

Du brichst hinein mit rauen Sinnen,
als wie ein Wind in einen Wald -
und wie ein Duft wehst du von hinnen,
dir selbst verwandelte Gestalt.

Oh, wer um alle Rosen wüsste,
die rings in stillen Gärten stehn -
oh, wer um alle wüsste, müsste
wie im Rausch durchs Leben gehn.

Christian Morgenstern (1871-1914)

Vom Hagentorwall kann man diesen traumhaften Blick auf den *Magdalenengarten* genießen.

Von lachs- bis himbeerfarben, Rosen in allen Farbnuancen laden zum Schwelgen ein.

Umgeben von einem duftenden Rosenmeer. Kann es einen schöneren Ort für Verliebte geben?

Der *Magdalenengarten* ist einer der ältesten historischen Gärten in Niedersachsen.
Der zwischen Stadt- und Wallmauer gelegene Garten wurde nach alten Plänen aus der Barockzeit rekonstruiert.
Mehr als 1.500 Rosen sind im Jahr 2004 gepflanzt worden, viele haben märchenhafte Namen wie *Gebrüder Grimm, Cinderella* oder *Bremer Stadtmusikanten*. Außerdem befindet sich in der Anlage auch der Weinberg des Hildesheimer Weinkonvents.

Was ist ein Name?
Was uns Rose heißt, wie es auch hieße,
würde lieblich duften.

William Shakespeare (1564-1616)
„Romeo und Julia"

Schneewittchen als Hochstamm.

Hier duftet sogar der Bioabfall herrlich!

Der köstliche, flüchtige Duft ist der Rosen größter Gewinn. Das ätherische Öl entströmt den Drüsen auf der Blütenoberfläche besonders stark an warmen Tagen. Mehr als 30 Substanzen bestimmen den spezifischen Duft. Zur Herstellung von 200 Gramm Rosenöl werden 1000 Kilogramm Rosenblüten der besten Qualität benötigt! Das erklärt, warum echtes Rosenöl so teuer ist. Früher wurde es mit der sechsfachen Menge Goldes aufgewogen.

Schönheit ohne Anmut
gleicht einer Rose ohne Duft.

Aus Jamaika

ROSEN *roses* *in der*

Keßlerstraße…

..Knollenstraße, Lappenberg, Brühl & Gelber Stern

Keßlerg

Der *Kehrwiederturm* (um 1450) ist der letzte erhalten gebliebene Torturm der einstigen Stadtbefestigung. Er ist das Domizil des Kunstvereins Hildesheim und bildet den Durchgang von der Keßlerstraße zum Kehrwiederwall. Zur Rosenblüte verbindet ein üppiges rotes Rosenband beide Seiten der schmalen Gasse *Am Kehrwieder* und strahlt besonders in der Morgensonne.

In der *Keßlerstraße* lebten und arbeiteten früher die Kesselflicker. Prächtige Kletterrosen schmücken die romantischen Fachwerkhäuser aus verschiedenen Epochen, von der Renaissance bis zum Barock und Biedermeier.

„Du verblühst schon, holde Rose,
weckt dich nicht der Sonne Strahl?
O, du liebe, kleine, lose -
o, erblühe noch einmal!
Einmal öffne noch die Hülle,
sieh, ich will bescheiden sein -
einmal lass mich noch der Fülle
deines Glanzes voll erfreun!
(...)“

Rainer Maria Rilke (1875-1926)

Die *ehemalige Dompropstei* (1730) war der Sitz des Dompropstes der Hildesheimer Neustadt. An ihn hatte jedes Haus den Hauszins und jeder Markthändler das Standgeld zu entrichten. Die Rosen unterstreichen die Stattlichkeit dieses schönen Fachwerkhauses mit seinem barocken Steinportal und der breiten Treppe.

Die Knollenstraße...

Über die idyllische *Knollenstraße*, die Querstraße zur Keßlerstraße, gelangt man zum Neustädter Markt und zur Lambertikirche. In dieser kurzen Straße sind Duft und Blütenpracht während der Sommermonate besonders intensiv.

Der Pessimist sieht an der Rose die Dornen.
Der Optimist riecht an den Dornen die Rose.

Anonym

Herzlich willkommen ...

Knollenstraße

Keßlerstraße

Knollenstraße

Am Lappenberg

Am Lappenberg...

Die Sonne zaubert hier ein reizvolles Geflecht aus Dornenzweigen und deren Schatten.

Die Rosenroute...

Weiße Rosen auf den Gehwegen weisen den Weg zu den wichtigsten Sehenswürdigkeiten der Stadt. Die *Rosenroute* ist ein Rundweg, der vor dem Rathaus beginnt. Das Projekt wurde einst angeregt durch die beiden Serviceclubs *Round Table 97* und *Old Tablers 32 Hildesheim.* Nach halber Strecke befindet man sich ungefähr auf dem *Kehrwiederwall*, einer mittelalterlichen Wallanlage, von der aus sich idyllische Ausblicke auf die malerischen Hinterhöfe und Dächer der Keßlerstraße sowie auf die *Lambertikirche* (1474) ergeben.

Hinterer Brühl...

Das *Wernersche Haus* (1606) ist eines der schönsten erhalten gebliebenen Fachwerkhäuser Hildesheims.

Am Brühl...

Im Spätsommer geht man auf dem Weg durch den Brühl unter einem fröhlichen Dach aus langen Rosentrieben.

Gelber Stern...

In den ehemaligen Hospitalbauten am Brühl/Gelber Stern ist heute der Fachbereich Sozialpädagogik der Fachhochschule Hildesheim/Holzminden/Göttingen (HAWK) untergebracht.

LER v. A

ROSEN *am Kale*

roses

erger Graben...

..Humboldtstraße & Gaußstraße

In der Versammlung sind
die Einzeldinge der Welt nur
e i n s ,
denn alle Blätter einer Rose
bilden zusammen eins.

Aus Indien

Auf dem *Kalenberger Graben*, dem alten westlichen Befestigungsgraben der Stadt, ziehen Enten und Schwäne ihre Runden. An seinem Ufer sind die schönen Gründerzeitbauten sehenswert - und natürlich Rosen.

Der Kalenberger Graben...

Nichts ist vollkommen auf dieser Welt,
der Rose ist der Stachel beigesellt;
ich glaube gar die lieben Engel
im Himmel droben sind nicht ohne Mängel.

Heinrich Heine (1779-1856)

Wie bei *Dornröschen*: Eine undurchdringliche Hecke aus Rosen umzieht das Haus.

Die Humboldtstraße…

Auch in diesem schönen Vorgarten fehlen Rosen nicht.

10

Herabfallende Blütenblätter runden das harmonische Farbspiel aus Pastelltönen ab.

Die Gaußstraße…

Besonders liebevoll muten die Rosenpflanzungen in der Gaußstraße an.

ROSEN

roses *am*

Moritzberg...

Die Bergstraße…

Der *Moritzberg* ist der Stadtteil für alle Romantiker: Verwinkelte, steile Straßen und Gässchen mit kleinen urigen Gaststätten; alte Kirchen, Fachwerkhäuser und rosenbewachsene Mauern. Die *Bergstraße* ist dabei charakteristisch. Bis 1911 war der Moritzberg ein eigenständiger Ort vor den Toren Hildesheims.

Die Gelbe Schule

Die Villa Windthorst

Von der *Bergstraße* hat man einen märchenhaften Blick auf die *Mauritiuskirche.*

Am Berghölzchen

Die Rose stand im Tau,
es waren Perlen grau,
als Sonne sie beschienen,
wurden sie zu Rubinen.

Friedrich Rückert (1788-1866)

Rosen, ihr blendenden,
Balsam versendenden!
Flatternde, schwebende,
heimlich belebende,
Zweiglein beflügelte,
Knospen entsiegelte,
eilet zu blühn.

Johann Wolfgang von Goethe (1749-1832)

Zu jeder Jahreszeit eine Augenweide. Im Sommer sind es duftende Rosen, im Winter schmücken unzählige Hagebutten die idyllische *Villa Windthorst*.

ROSEN *an der*

roses

Die Symbolik der Rose spielt in der Kirche eine vielfältige Rolle. Die Geometrie der fünf Blütenblätter diente als Vorbild für die Fensterrosen gotischer Kirchen und für das Pentagramm. Im frühen Christentum sah man in diesem das Dämonische, den Teufelsfuß. Später aber wurde die dornenlose Rose Sinnbild für die Reinheit und Heiligkeit der Gottesmutter Maria. Die Rose in der Marienverehrung ist weiß und auf vielen Madonnenbildern abgebildet. Die rote Rose weist auf die Wunden und das vergossene Blut Christi hin. Die Rose gilt als Symbol für das Paradies schlechthin, außerdem für Liebe, Zuneigung, Fruchtbarkeit und die Verehrung der Toten. Im Mittelalter kultivierten Benediktinermönche die Rose in den Klostergärten als Heilpflanze.

Kirchen...

Der seit 1985 zum UNESCO-Welterbe gehörende Dom wurde durch Um- und Erweiterungsbauten im 11., 12. und 14 Jh. verändert und nach seiner Zerstörung 1945 in den fünfziger Jahren wieder aufgebaut. Prunkstücke des Domes sind die meisterhaften Bernwardinischen Bronzegüsse: die doppelflügelige Erztür (1015) und die Christussäule (1020). Weltberühmt ist der *Tausendjährige Rosenstock* an der Apsis, der jährlich von vielen tausend Besuchern besichtigt wird. Die rosaweißen, leicht duftenden, einfachen Blüten dieses einmalblühenden Heckenrosenstrauchs sind im Frühsommer nur gut zwei Wochen lang zu bewundern.

Mit dem Rosenstock verbindet sich die Sage von der Gründung Hildesheims. Nach ihr hat der auf der Jagd verirrte *Kaiser Ludwig der Fromme* ein Marienreliquiar in das Gezweig dieses wilden Rosenstrauches gehängt. Wunderbarerweise war es über Nacht festgewachsen. Von diesem göttlichen Wunder bewogen, ließ er über dem Rosenstock zu Ehren der heiligen Maria eine Kapelle errichten. Diese Legende gibt es – im Laufe der Jahre immer wieder abgewandelt – in etlichen Variationen, die sich geringfügig unterscheiden.

Die Rose, schon seit der Gründung Symbol für Hildesheim, gewann nach Ende des Zweiten Weltkrieges eine zusätzliche Bedeutung. Als am 22. März 1945 mit dem größten Teil der Stadt der Mariendom schwer beschädigt wurde, verbrannte auch der Rosenstock. Die Wurzeln aber blieben unter Schutt und Asche unversehrt und der Strauch trug schon im folgenden Jahr wieder Knospen und Blüten. Seit diesem hoffnungsvollen Ereignis sagt man, dass Hildesheim nicht untergehen werde, solange der Rosenstock blüht und gedeiht.

Von Anfang Herbst bis zum Winter schmücken leuchtendrote Hagebutten die Apsismauer des Domes.

Dom (Südseite)

Am Hildesheimer Dome
da blühet wunderbar,
der Rosen allerschönste
wohl über tausend Jahr.

Einst ruht´ ein frommer König
in ihrem Schatten aus,
da hieß die heil´ge Jungfrau
ihn bau´n ein Gotteshaus.

Noch steht, mit goldnem Dache
umrankt von Rosenpracht,
der Dom grad´ wie ein Märchen
aus tausendeiner Nacht.

Anonym

Dom (Nordseite)

St. Michael (1010-1030)

Die seit 1985 zum UNESCO-Welterbe gehörende frühromanische Kirche wurde als Zeugnis ottonischer Baukunst in den Jahren 1950 bis 1957 wieder aufgebaut. Die berühmte bemalte Holzdecke aus dem 13. Jh. stellt den Stammbaum Christi dar. Sehenswert sind außerdem die Engelschorschranke und Kapitelle (1171-1190), der Kreuzgang (um 1250) sowie die Krypta mit dem Grab Bischof Bernwards (1015).

St. Godehard (1133-1172)

Die *Godehardkiche* ist eine der wenigen romanischen Kirchen in Deutschland, die in ihrer ursprünglichen Form fast unverändert bis heute erhalten blieb.
Sie wurde 1964 von Papst Paul VI zur *basilika minor* erhoben. Die imposante dreischiffige Basilika wurde 1133 von Bischof Bernhard zu Ehren des zwei Jahre zuvor heiliggesprochenen Hildesheimer Bischofs Godehard gestiftet.

St. Mauritius (1068)

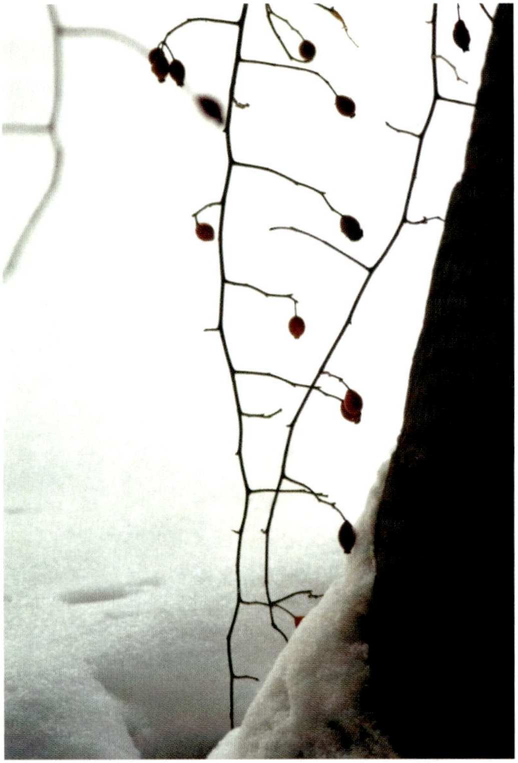

Im Jahre 1025 ließ Bischof Godehard auf dem Moritzberg eine kleine Kapelle erbauen. Er weihte sie dem Patron seines Heimatklosters Niederaltaich, dem Heiligen Mauritius. Vierzig Jahre später wurde an dieser Stelle im Auftrag des Bischof Hezilo vom Bau meister Benno von Schwaben eine dreischiffige Säulenbasilika mit Querhaus und Chor erschaffen, über dem sich der Turm erhob.
Die in Norddeutschland unübliche Bauweise der Säulenbasilika gründet vermutlich in der süddeutschen Herkunft des Baumeisters.
Im Verlauf des Dreißigjährigen Krieges wurde die Kirche stark beschädigt, ihre nun barocken Formen folgende Wiederherstellung dauerte bis 1750. Auch das Innere der Kirche ist bis heute vom Barock bestimmt.

Jede schöne Rose wird einmal eine Hagebutte.

Aus Frankreich

Zeitlos schön ist der aus dem 12. Jahrhundert erhaltene Kreuzgang der *St. Mauritiuskirche.*

ST. ANDREAS (1389)

Die in den Jahren 1951 bis 1965 wieder aufgebaute Bürgerkirche hat mit 114,35 m den höchsten Kirchturm Niedersachsens, der über 364 Stufen (in 75 m Höhe) zugängig ist, sowie eine der größten Kirchenchororgeln Norddeutschlands.

Erinnerung ist die Kraft
im Winter Rosen zu pflücken.

Anonym

Die beiden Wahrzeichen der Stadt sieht man zur Weihnachtszeit auf diese Weise zusammen.

Die neugotische Christuskirche (Moritzberg)

Die Seminarkirche mit barocker Fassade aus dem 18. Jahrhundert (Brühl)

. . . noch mehr

ROSEN

roses

Am Hindenburgplatz und am Roemer- und Pelizaeus-Museum wächst die lachsfarbene robuste Beetrose *Stadt Hildesheim*, so getauft von der *Initiative Rosenstadt Hildesheim.* Diesem Verein ist es zu verdanken, dass seit seiner Gründung im Jahr 1989 Tausende von Rosen das Stadtbild verschönern. Wenn man zur richtigen Zeit an den richtigen Plätzen ist, bleibt einem Hildesheim, wie dieses Buch belegt, nicht nur auf Grund seiner legendären Geschichte als *Rosenstadt* in Erinnerung.

Am Hindenburgplatz

Das *Roemer- und Pelizaeus-Museum* ist bekannt für seine bedeutende altägyptische Sammlung.

Auf dem wunderschönen Marktplatz mit seinen historischen Gebäuden, vor allem dem rekonstruierten berühmten *Knochenhauer-Amtshaus,* sind keine Rosen gepflanzt. An den Wochenmarkttagen kann man dort aber Rosen für jeden Anlaß erstehen. Auch haben schon etliche Bräute nach der standesamtlichen Trauung im Rathaus den Marktplatz mit den romantischsten Rosensträußen betreten.

Rosenkauf mit Blick auf die rekonstruierten Fassaden von *Lüntzelhaus* und *Rolandstift*.

Haus der Landschaft (1750)

Stinekenpforte

Mittelallee

Brehmestraße

Die zahlreichen Schrebergärten in Hildesheim sind kleine Oasen, in denen die Städter Erholung finden. Oftmals bilden Rosenspaliere den Eingang, wie hier im *Rosenweg* des Kleingartenvereins Hohnsensee.

Ein Buch ist wie eine Rose,
beim Betrachten der Blätter öffnet
sich dem Leser das Herz.

Aus Persien

Noch eine Oase inmitten der Stadt ist dieser verwunschene Garten in der *Großen Venedig*, an der Innerste gelegen.

QUELLENNACHWEIS

Nickig, Marion/Rau, Heide
Romantische Rosen
Edition Ellert & Richter,
Hamburg 1996

Kemmerer, Hartwig
Reiseführer Hildesheimer Land
Verlag Gebrüder Gerstenberg
Hildesheim 2003

Girard-Lagorce, Sylvie
Rosenlust
Blumen, Duftöl und Dekor
Gerstenberg Verlag
Hildesheim 2001

Dieckmann, Herbert
Hildesheimer Rosen
Ein Haus- und Heimatbuch
Gerstenberg Verlag
Hildesheim 1984

Aden, Menno/Hartmann, Andreas
Hildesheim
Verlag Gebrüder Gerstenberg
Hildesheim 1992

Heinemann, Erich/Engelhardt, Lutz
Auf der Rosenroute durch Hildesheim
Verlag Gebrüder Gerstenberg
Hildesheim 1993

Häger, Hartmut
Hildesheimer Straßen
Verlag Gebrüder Gerstenberg
Hildesheim 2005

Internet:

Die Welt der Rosen
www.welt-der-rosen.de

1001 Gedichte
www.aphorismen.de